毎日チェックしてね！

記入例

月 日（金）	月 日（土）	月 日（日）	10月17日（火）
			たくさん動いたからか、そのあとよくねていた。
朝 夜	朝 夜	朝 夜	朝 フードを半分くらい食べた。 夜 フードをぜんぶ食べた。 おやつにブロッコリーを1かけ食べた。
			目、耳、鼻、口はきれい。おしりもきれい。
			色と量、いつもと同じ。
			色、量、かたさ、いつもと同じ。
			部屋んぽのときに、「キー」と鳴いていた。

生きものとくらそう！ 5

モルモット

はじめに

短い足に、ずんぐりした体のかわいいモルモットは、動物園などでふれあうことができる身近な生きものです。けれども、いぬやねこ、うさぎなどとくらべると、飼いかたや習性をくわしく知っている人は少ないのではないでしょうか。

モルモットはおもに朝や夕方に活動し、牧草をたくさん食べ、たくさんウンチをし、高い声で鳴きます。いざ飼うとなるとおどろくこともあるかもしれません。ケージのそうじは毎日する必要がありますし、部屋の温度や湿度にも気をつけなければなりません。

そう聞くと、モルモットを飼うのはむずかしく感じるかもしれませんが、安心してください。この本を読めば、モルモットを飼うコツがつかめるはずです。

この本では、モルモットの習性や体の特ちょう、お世話のしかた、健康チェックのしかたなど、飼うためのヒントをたくさん紹介しています。

群れで生活するモルモットは、仲間とコミュニケーションをとることができます。しぐさや鳴き声からモルモットの気もちを読みとって、きずなを深めていくことができれば、きっといっしょに幸せにくらせることでしょう。

三輪恭嗣（日本エキゾチック動物医療センター院長）

もくじ

1 モルモットってどんな動物？

どんな**モルモット**がいるの？ ……… 4
モルモットの**習性**を知ろう ……… 8
モルモットの**体**のひみつ ……… 10
モルモットの**成長**のしかた ……… 13
🐻 もっと知りたい　モルモットの**仲間** ……… 14

2 モルモットをむかえる前に

モルモットを**飼う心**がまえ ……… 16
モルモットをむかえる**準備** ……… 18
むかえるときの**注意** ……… 22

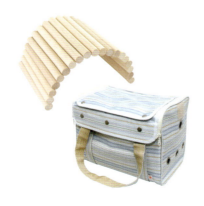

3 モルモットのお世話をしよう

ごはんをあげよう ……………………… 24
ケージをそうじしよう ………………… 28
モルモットと仲よくなろう ……………… 30
🐻 もっと知りたい　モルモットと遊ぼう ……… 32
モルモットの気もちを知ろう …………… 34
体のケアをしよう ……………………… 36
健康チェックをしよう …………………… 38
🐻 もっと知りたい　モルモットが妊娠したら？ …… 41
病院へ行こう …………………………… 42
🐻 もっと知りたい　モルモットの病気・ケガについて … 44

こんなとき、どうする？ Q&A

Q 災害が起こったら？ ………………………… 46
Q モルモットはお留守番ができる？ ………… 47
Q 年をとったら、どんなお世話が必要？ …… 47

1 モルモットってどんな動物？

どんなモルモットがいるの？

毛の長さや色、もよう、つむじの数など、モルモットによってさまざまな特ちょうがあります。

毛の長さや性質で種類が分けられる

モルモットは品種改良によって、現在のような品種（種類）のモルモットが生まれました（→8ページ）。体重は平均で800〜1000gです。毛の長さには、短毛、長毛、無毛（スキニー）などがあり、毛の性質もまっすぐだったり、巻き毛だったり、くせ毛だったりとちがいがあります。つむじの数もちがいます。それぞれの特ちょうを見てみましょう。

イングリッシュ*

家庭や動物園でもっともよく飼われている短毛のモルモット。頭からおしりまでの太さが同じサイズのイングリッシュは、人気があります。

首から肩にかけて「クラウン（王冠）」とよばれる、ぽこっとしたもりあがりがある

やわらかくて短い毛

*イングリッシュは「イギリスの」という意味。

毛の1本1本にねじれた
ようなくせがある

少しかたくて
短い毛

テディ

くせのある短い毛が特ちょう。毛はかたくて、たわしのようにごわごわとしたさわりごこちです。ほかの短毛の品種と同じように、ブラッシングの回数は少なめでよいでしょう。

クレステッド*

やわらかくて短い毛と、頭のてっぺんにあるつむじが特ちょう。頭に「クレスト*」とよばれる逆立った毛がはえていることにちなんで、名づけられました。

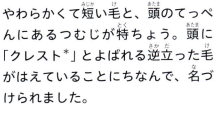

頭に逆立った毛が
はえている

頭のてっぺんに
つむじがある

名前の由来

モルモットがはじめて日本にもちこまれたのは江戸時代（1603～1868年）。外国との貿易が禁止されるなか、貿易がゆるされていたオランダ人によって長崎へもちこまれました。オランダ人はモルモットを「マーモット（marmot）」というリス科の生きものとまちがえて日本に伝えました。やがてマーモットというよび名が変化して、モルモットとよばれるようになったのです。モルモットの正式な和名は「テンジクネズミ」といいます。

モルモットは日本だけのよび名で、アメリカでは「ケイビー」、英語を話すほかの地域では「ギニアピッグ」とよばれています。

リス科のマーモット

＊クレステッド、クレストは「冠毛」という意味。
冠毛は頭にはえている毛のこと。

1 モルモットってどんな動物？

アビシニアン
体のあちこちにつむじがあり、寝ぐせのようにはえた短い毛が特ちょう。イングリッシュより少し毛が長めです。つむじの数が多いほど人気があります。

体のあちこちにつむじがある

ごわごわとしたかたくて短い毛

ペルビアン
体のあちこちにつむじがある。頭と背中にやわらかくてまっすぐな長い毛がはえていて、長さは30cm以上になることもあります。長い毛はからまりやすいため、毎日ブラッシングをしましょう。

やわらかくてまっすぐな長い毛

おしりはくるんとした巻き毛

わきの毛は短い

コロネット

ペルビアンに似ていますが、全身の毛が長く、頭にだけつむじがあります。長い毛はからまりやすいため、毎日ブラッシングをしましょう。

テッセル

ウエーブした長い毛をもちます。つむじはありません。毛をとかすときは、コーム（→37ページ）が毛に引っかからないように、やさしくブラッシングしましょう。

やわらかくてまっすぐな長い毛

頭のてっぺんにつむじがある

わきの毛も長い

頭の毛は短い

ウエーブした長い毛

スキニーギニアピッグ

すべすべとしたさわりごこちが特ちょう。体に毛がはえていないモルモットで「ヘアレス」ともよばれます。毛がないため、ほかの品種にくらべて寒さが苦手です。温度管理に注意しましょう。

どう体には毛がはえていない

頭や鼻、足先などの一部にだけ短い毛がはえているタイプと、まったく毛がはえていないタイプがある

皮ふの色はピンクや黒だったり、ピンクと茶のまだらもようだったり、さまざま

1 モルモットってどんな動物？

モルモットの習性を知ろう

モルモットを飼う前に、モルモットという動物を知って、つきあいかたのヒントにしましょう。

モルモットの祖先は南アメリカのテンジクネズミ

モルモットの祖先は、「パンパステンジクネズミ」というねずみの仲間ではないかといわれています。3000年ほど前に、南アメリカで食用として家畜化されました。その後、16世紀にヨーロッパにもちこまれ、そのかわいらしさからペットとしての改良が進んで、現在のようなさまざまな品種のモルモットが生まれました。野生のモルモットはいませんが、祖先であるパンパステンジクネズミと似た習性は残っています。

早朝・夕方に活動

パンパステンジクネズミは、肉食動物からねらわれるのをさけるために、早朝、または夕方に活動していました。そのため、飼育されているモルモットも朝や夕方〜夜に元気に活動します。昼間はのんびりすごすことが多いです。

群れで生活する

パンパステンジクネズミは、5〜10ぴきの群れをつくって生活していました。そのため、ペットのモルモットも複数で飼ったほうがいいといわれることもありますが、お世話が大変なので、はじめて飼う場合は1ぴきからにしましょう（→17ページ）。また、仲間とコミュニケーションをとるためにさまざまな鳴き声を出します（→34ページ）。

8

せまい場所が好き

パンパステンジクネズミは、森林や岩場、沼地でくらし、敵からかくれられるように巣穴をつくったり、岩のわれ目に身をかくしたりしていました。ペットのモルモットも、ケージの中にかくれられる巣箱（ハウス）があると安心できるようです。

ほかの動物はこわい？

肉食動物にねらわれる立ち場のモルモットは、本能として敵となる動物をこわがります。いぬやねこ、フェレットと同じ部屋で飼うとストレスを感じてしまいます。すでにモルモットの敵となる動物を飼っている場合は部屋を分けましょう。うさぎやチンチラなど、モルモットを食べようとしない動物であれば仲よくなれることもありますが、共通の病気*にかかることがあるので、ケージは必ず分けましょう。

＊ボルデテラ菌感染症……ボルデテラ菌という細菌により引き起こされる病気で、呼吸があらくなるなど肺炎の症状が出る。うさぎは菌をもっていても症状が出ないことが多いが、モルモットは重症になりやすい。

モルモットはどんな性格？

モルモットの性格を知って、お世話やつきあいかたのコツをつかみましょう。

けいかい心が強い

肉食動物にねらわれる立ち場のモルモットは、つねにまわりをけいかいしながらくらしています。そのため、音やにおい、環境の変化にびんかんで、いつもとちがうことがおこると、ストレスを感じてしまいます。

おだやかでのんびり

ほかの動物とくらべると、おだやかでのんびりした性格で、人にもなつきます。なれてくると鳴き声やしぐさで、よろこびやいかりなどの気もちを表現します（→34ページ）。

1 モルモットってどんな動物？

モルモットの体のひみつ

暗い場所でも活動できたり、かたいものをかじったり、モルモットの体にはどんなひみつがあるのでしょうか。

モルモットの体は祖先に似たつくり

モルモットの祖先は、敵から見つからないように巣穴をほって生活し、巣穴の中や夜の暗い場所でも活動していました。ペットとして飼われているモルモットにも、そのなごりがあります。

顔が大きく、三頭身くらいのずんぐりした体型

毛

気温や湿度の変化に対応できるように、春と秋の年2回毛がはえかわる「換毛期」という時期がある。ペットの場合、温度や湿度の変化が少ないため、換毛期が不定期になることがある。

前足

前足の指は4本。足のうらには肉球があり、足を守るクッションの役割をはたす。ゆかがかたいと足のうらをいためてしまうので、ゆか材の選びかたに注意しよう（→20ページ）。

前足のうら。つめ／肉球

10

体

皮ふ
全身の皮ふはうすく、とくにおなかやわきがうすくなっている。オスは首のうしろの皮ふが厚い。

体長と体重

モルモットの体長＊と体重は、品種によって大きくちがいはありません。飼育するときは、下の表を目安に健康管理をしましょう。

	体長や体重の目安
体長＊	20〜40 cm
体重	オス：900〜1200 g メス：700〜900 g

＊体長は、鼻先からおしりまでの長さです。

臭腺
肛門のまわりに、においのある液体を出す「臭腺」がある。なわばりを主張するときや発情したときに出す。

しっぽはないが、「尾椎」とよばれるしっぽのなごりの骨がある。

うしろ足
前足とは指の数がちがい、うしろ足の指は3本。うさぎのように高くジャンプすることはできないが、ピョンピョンと小さくジャンプできる。

肉球　つめ

うしろ足のうら。

1 モルモットってどんな動物？

耳

耳は小さく、つぶれたようにたれている。音を聞く力が発達していて、数メートル離れたところにいる人の声や、ごはんの袋を開けるときの音まで聞き分けることができる。

目

視力はあまりよくなく、ものを立体的に見るのも苦手。しかし、目が顔の横側にあるため、340度という広いはんいを見ることができ、敵にすぐ気づける。

モルモットの目の色は黒色や茶色が多いが、赤色や黒っぽい赤色などもある。

ひげ

ひげを使って道のはばをはかって通れるか判断したり、暗い場所でも、ものとの距離や大きさをさぐったりできる。

顔

歯

切歯とよばれる前歯が4本、臼歯とよばれる奥歯が16本はえていて、合わせて20本の歯がある。一生のびつづけるため、ものをかじってのびすぎないようにしている。

4本の切歯（前歯）。歯ははえかわらず、生まれたときからはえている。

鼻

においをかぐ力がすぐれている。よく鼻をヒクヒクと動かしてにおいをかいでいるしぐさが見られる。食べものだけでなく、ほかのモルモットのにおいもかぎ分けられる。

モルモットの成長のしかた

モルモットの成長のようすを見てみましょう。

モルモットの成長は大きく分けて3段階

モルモットの寿命は、5～6年といわれています。成長するにつれ、体のようすが変化するので、ごはんの選びかたや健康管理など、お世話のしかたにくふうが必要です。

幼年期　生まれてすぐ～3週ごろ

生まれてからすぐは、おかあさんの母乳で育ちます。子どものうちは病気に抵抗する力が弱いので、健康管理をきちんとしましょう。温度や湿度の変化にも弱いため、環境をととのえることも大切です。

成年期　4週～3・4さい

もっとも活発に動ける時期です。メスは生後4～6週間、オスは生後5～10週間で性成熟し（子どもをつくれる体になる）、おとなになります。モルモットは繁殖力が高いので、オスとメスのケージは分けましょう（→43ページ）。

老年期　3・4さい以上

3～4さいになると、老化がはじまります。体力がおとろえるだけでなく、毛づやが悪くなる、耳が聞こえにくくなるなどの変化もおこります。病気にもかかりやすくなるので、こまめに健康チェックをしましょう（→38ページ）。

もっと知りたい モルモットの仲間

モルモットは「げっ歯目（ネズミ目）」とよばれる、ねずみの仲間です。モルモットの仲間には、前歯と奥歯が一生のびつづけるものと、前歯だけが一生のびつづけるものがいます。

＊このページの生きものの大きさは、鼻先からおしりまでの長さです。

前歯と奥歯がのびる

● **チンチラ**

高い山の斜面や岩場に生息しています。山の上の寒さにたえられるように、全身がふわふわな毛におおわれています。ジャンプが得意です。

DATA
【生息地】チリ
【大きさ】25～26cm

● **ヤマアラシ**

体は毛が変化したするどいはりにおおわれています。敵におそわれると、はりを逆立てていかくします。

DATA
【生息地】アフリカ
【大きさ*】60～80cm

アフリカタテガミヤマアラシのデータです。

● **カピバラ**

げっ歯目の中で体がいちばん大きく、足に水かきがついていて、泳ぐことが得意です。

DATA
【生息地】南アメリカ
【大きさ】106～134cm

● **デグー**

チリのアンデス山脈に生息し、やぶや岩場でくらしています。15～20種類の鳴き声を使い分けて仲間とコミュニケーションをとるため、「アンデスの歌うねずみ」とよばれます。

DATA
【生息地】チリ
【大きさ】17～21cm

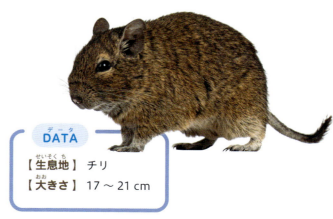

前歯だけがのびる

● ハムスター
ほおの内側には、ごはんをためておく「ほお袋」があります。野生のハムスターは地中でくらしています。写真はゴールデンハムスター。品種が多いです。

DATA
【生息地】 シリア、イスラエル
【大きさ*】 12〜16 cm

ゴールデンハムスターのデータです。

● ネズミ
地上をすばやく移動します。げっ歯目の中でも、ネズミ科はもっとも多く1,200〜1,300種類もいます。

DATA
【生息地】 世界の広い地域
【大きさ*】 6.5〜9.5 cm

ハツカネズミのデータです。

● リス
木にすばやくのぼることができ、おもに木の上ですごします。リスの仲間は、約280種類いるといわれます。

DATA
【生息地】 北アジア、日本
【大きさ*】 12〜17 cm

シベリアシマリスのデータです。

● モモンガ
高い木にのぼって、手足を広げて木から木へ飛ぶように移動します。風にのると、100m以上移動することもあります。

DATA
【生息地】 ヨーロッパ〜アジア、日本
【大きさ*】 15〜16 cm

タイリクモモンガ（エゾモモンガ）のデータです。

● プレーリードッグ
草原（プレーリー）に群れでくらしています。巣穴には部屋や通路がいくつもあり、巣穴の入り口で立ち上がって見張りをします。

DATA
【生息地】 北アメリカ
【大きさ*】 28〜35 cm

オグロプレーリードッグのデータです。

うさぎは重歯目

うさぎは、かつてモルモットと同じげっ歯目に分類されていましたが、現在は「重歯目（ウサギ目）」に分類されています。前歯は4本しかないように見えますが、上の前歯のうら側にさらに2本あり、前歯が重なるようにはえています。歯のはえかたにより、げっ歯目と重歯目を区別しています。

2 モルモットをむかえる前に

モルモットを飼う心がまえ

命ある生きものをむかえるときは、最期まで責任をもって飼えるか、よく考えてみましょう。

大切な家族としてモルモットをむかえよう

モルモットの寿命は5〜6年といわれていますが、なかには10年生きるモルモットもいます。時間がたてば、自分や家族の生活も変化するかもしれません。いま飼いたいという気もちだけでなく、この先ずっと家族の一員としてモルモットのお世話ができるか、飼う前にじっくり考えましょう。

モルモットをむかえる前に考えよう

● **毎日お世話ができる？**

モルモットは、飼い主がお世話しなければ、生きていけません。ごはんやそうじ、健康チェックなどのお世話が必要です。毎日欠かさずお世話ができるか考えてみましょう。

● **すごしやすい環境をつくれる？**

モルモットは、おくびょうな生きものです。安心してくらせるように、モルモットがかくれられるハウスをおき（→19ページ）、暑すぎたり寒すぎたりしない快適な場所を用意しましょう。

● **家族みんなが賛成している？**

家族全員が賛成してくれるのか、みんなで協力してお世話ができるのか確認しましょう。モルモットを飼うと、グッズや病院代などのお金がかかります。どのくらいかかるのかも調べておきましょう。

> ⚠️ **アレルギーを確認する**
>
> モルモットは、アレルギーの症状が出ることがあります。むかえる前に、ペットショップなどでさわらせてもらうなどして、自分や家族にアレルギーがないか確認しておきましょう。

どんなモルモットをむかえる？

モルモットを飼うことにきめたら、どんなモルモットをむかえたいか考えましょう（→4ページ）。

● どんな品種か？

「短毛」
体のケアをひんぱんにできない場合は、短毛がおすすめ。

「長毛」
毛がからまったり、よごれたりしてしまうため、毎日ブラッシングが必要。

「無毛（スキニー）」
毛がないため、寒さが苦手。温度と湿度のこまめな調節が必要。

● オスかメスか？*

「オス」
活発な性格のモルモットが多い。メスよりもよく鳴き、よく動きまわる。また、メスよりもオスのほうが体が大きい。性成熟したオスは、においが強くなることがある。

「メス」
オスにくらべておだやかな性格のモルモットが多いが、なかには活発なメスもいる。赤ちゃんをうんだメスは、においが強くなることがある。

> 🔍 **どこからモルモットをむかえる？**
>
> モルモットは、ペットショップやモルモット・うさぎなどの小動物を専門にあつかっているお店、繁殖を専門に行うブリーダーからむかえることができます。むかえたあとも、しっかりサポートしてもらえるところを選びましょう。

＊子どものときは、オスとメスを見分けにくいので、お店の人に聞いておこう。

● 1ぴきで飼うか複数で飼うか？

「1ぴき」
はじめてむかえるなら、1ぴきがおすすめ。ごはんや健康チェックなど毎日のお世話ができるようになってから複数飼えるかを考えよう。

「複数ひき」
複数で飼うなら、小さいころからいっしょにくらしているモルモットがおすすめ。繁殖力が高いので、メスとオスはケージを別にする。

2 モルモットをむかえる前に

モルモットをむかえる準備

モルモットが安心してくらせるように、
どんな準備をしたらよいでしょうか。

あらかじめ準備をしよう

新しい家になれるまでは、モルモットはとても不安です。モルモットが安心してくらせるように、家の中に危険なところがないかチェックしたり、必要なグッズをそろえたりしましょう。また、だれが、どんなお世話をするのかなど、モルモットのお世話のルールをきめておきましょう。

ケージのおき場所を考えよう

モルモットが落ちついてすごせる場所に、ケージをおきましょう。

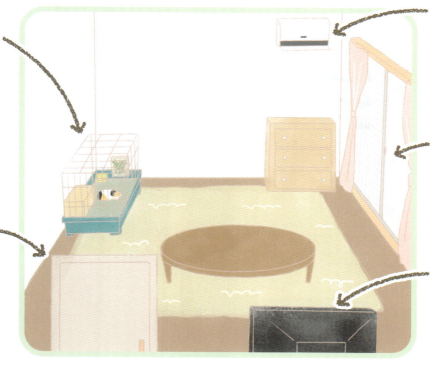

○ 部屋のすみ
人の行き来が少なく、かべに面した場所にケージをおくのがおすすめ。人の動きが気にならずに落ちついてすごせる。

✕ ドアの近く
人の出入りが多く、ドアを開けたり閉めたりする音や振動がストレスになるのでさけよう。

✕ エアコンの風が当たるところ
エアコンの風が直接当たると、体温が急に変わり、体調をくずしてしまうのでさけよう。

✕ 窓の近く
太陽の光や風が当たるため、温度変化がはげしく、体調をくずしてしまうのでさけよう。

✕ テレビの近く
大きな音が苦手なため、テレビなどの近くは落ちつけず、ストレスになるのでさけよう。

必要なグッズをそろえよう

必ず用意したいのは、ケージやハウスなどの飼育グッズとごはん。そのほかは必要になったら用意しましょう。

ケージ

モルモットの体がかくれる大きさのハウスや食器、牧草入れをおいても、モルモットがじゅうぶん動きまわれる大きさのケージを選ぶ。ケージは、小動物用のものを選ぼう。

ケージサイズの目安
➡ はば80cmのもの。うさぎ用ケージの80サイズがおすすめ。

ゆか材

ペットシーツやゆか材用の牧草などをしく（➡20ページ）。

牧草入れ

牧草をたっぷり入れられる容器を選ぶ。

食器

フードを入れるお皿は、食べやすいように深すぎないものを用意する。

給水ボトル

飲み水を入れるボトル。飲みやすい高さに設置する。

キャリーバッグ

むかえるときや病院へ行くときに使う。モルモットから外が見えにくく、ふたが大きく開くタイプがおすすめ。

おうちのレイアウト

ハウス

身をかくして、落ちつける場所をつくるためにおく。

温湿度計

快適な温度と湿度をたもつため、ケージの近くにおいて確認する。

ごはん

モルモットのごはんは、牧草とフードを用意する。成長に合わせて選ぶ（➡24ページ）。

牧草　　フード

2 モルモットをむかえる前に

ゆか材を選ぼう

足のうらに負たんがかかると「足底皮ふ炎（→44ページ）」になってしまいます。ケージのゆかはそのままではかたいので、足にやさしいゆか材をしきましょう。

2種類のゆか材をしく

ペットシーツとゆか材用として売っている牧草の組み合わせがおすすめ。ペットシーツだけではうすくて足のうらを痛めやすいので、牧草をしいてやわらかい場所を用意します。どちらも交かんしやすいので、ケージ内をきれいにたもてます。

食べないものを使う

モルモットがペットシーツや新聞紙、布などのゆか材を食べてしまうことがあります。のどにつまってしまって危険なので、もし食べてしまうようなら別のゆか材に変えるようにしましょう。

⚠ こんなゆか材に注意

●すのこ
うさぎ用のすのこは、すき間が広くて足や指をひっかけてケガをしやすいので、すき間がせまいものを選ぶか、ペットシーツをかぶせるようにしましょう。

●新聞紙
吸水性がよくないので、オシッコでぬれたらすぐに交かんが必要です。食べてしまうこともあるので注意しましょう。

あると便利なグッズ

ケア用品
ブラシやつめ切りなどケアに必要なグッズを用意する（→36ページ）。

おもちゃ
トンネルやボール、かじり木などいろいろな種類がある（→33ページ）。

トイレ
トイレはおぼえないこともあるが、用意してみよう（→21ページ）。

防暑・防寒グッズ
暑さや寒さに合わせたグッズを用意する（→21ページ）。

温度と湿度を管理しよう

モルモットは、温度や湿度の変化がはげしいと病気になってしまいます。とくに夏や冬は、エアコンやせんぷう機、除湿器・加湿器などを使ってモルモットが快適にすごせる温度と湿度に調節しましょう。

温度と湿度の目安

	健康なおとなのモルモットの場合
温度	18～24℃（スキニーギニアピッグ〈→7ページ〉は20℃前後にたもつ）
湿度	40～60%
ポイント	モルモットの品種やようすに合わせる

暑いとき

エアコンで温度と湿度を調節しながら、冷えた空気が1か所にとどまらないようにせんぷう機をまわす。湿度が高すぎる場合は、除湿器をつける。ケージ内には、アルミプレートなどの体を冷やせるグッズをおく。

寒いとき

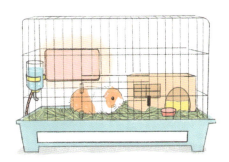

エアコンで温度と湿度を調節しながら、加湿器をつける。ぬらしたタオルをケージの近くにおいてもよい。ケージにはあたたまれるスペースをつくるため、ペットヒーターを設置する。ゆか材を厚めにしいてもよい。

トイレはおぼえるの？

おぼえる場合もあれば、おぼえられない場合もある

モルモットは、少し暗い落ちつけるところにはいせつすることが多いです。はいせつする場所にトイレをおいてトレーニングをすれば、トイレをおぼえてくれる場合もあるでしょう。しかし、個性や性格のちがいによっておぼえないモルモットもいます。根気強く教えてもおぼえないようなら、好きにさせてあげましょう。

トイレをしつけるポイント

- ウンチやオシッコがついたゆか材をトイレに入れて、においをつけましょう。
- トイレに入ったり、トイレではいせつをしたりしていたら、おやつをあげてたくさんほめてあげましょう。

おぼえなくても、おこらないでね〜

2 モルモットをむかえる前に

むかえるときの注意

新しい家に来たモルモットは、きんちょうしています。
どんなことに気をつけたらよいでしょうか？

新しい環境になれるまでそっとしておこう

モルモットはとてもおくびょうなので、新しい環境になれるまで時間がかかります。待ちに待ったモルモットがやってきて、ついふれあいたくなりますが、モルモットは一度こわいと思うと強いストレスを感じて、なつかなくなってしまいます。新しい環境や家族が安全だとわかってもらえるまでは、そっと見守りましょう。

モルモットをむかえに行くとき

家の中の準備ができたら、キャリーバッグをもって、モルモットをむかえに行きましょう。

● **モルモットのようすを聞く**

むかえるモルモットのことをよく知っているのは、むかえ先の人です。気になることは、必ず聞いておきましょう。

● **午前中に行く**

午前中にむかえに行くと、家になれてもらう時間が長くとれます。モルモットは環境の変化が苦手なので、万が一体調をくずしたときも、病院が開いている時間なら安心です。

聞くこと

モルモットのごはんは、事前に聞いておき、あらかじめ準備しておこう。

- モルモットの品種
- モルモットの年れいや性別
- ふだんのウンチやオシッコの状態
- くらしていた環境（ゆか材の種類や部屋んぽ〈→32ページ〉の時間など）
- ごはんの種類
- 好きな遊び
- トイレの形や材質

1週間のすごしかた

家に来てはじめの1週間は、新しい環境になれるための大事な時期。必要なお世話以外は、なるべくそっとしておきましょう。

むかえた日

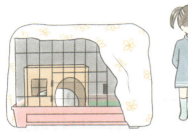

むかえに行く前に、ハウス、むかえ先で食べていたもの、飲み水などをケージにセットしておく。家についたらすぐにモルモットをケージに入れて、布をかぶせてそっとしておく。

2〜6日目

モルモットが少し落ちついてきたら、ごはんや水の交かん、そうじなどをすばやく行う。このとき、こわがっていないか体調をくずしていないかなど、モルモットのようすを確認する。

1週間〜

ケージの中でリラックスしているようなら、人にもならしていく。ケージのとびらを開けておやつをあげてみる（→31ページ）。こわがるようなら、その日はあきらめて、つぎの日にチャレンジする。

❗ こわがらせない

モルモットはおくびょうなため、はじめて見るものをこわがる性質があります。こわいと強く感じると、つぎからさけられてしまいます。むりにかまうときらわれて、ふれあえなくなってしまうので、モルモットのようすをよく観察しましょう。

落ちついたら病院へ

モルモットが落ちついたころに病院へ連れていきましょう。体調をくずしていないか、病気になっていないかなど、検査をしてもらいましょう。

3 モルモットのお世話をしよう

ごはんをあげよう

モルモットが健康にすごせるように
正しいごはんのあげかたをおぼえましょう。

栄養バランスのよい食事をあげよう

モルモットもわたしたちと同じように、毎日の食事が健康につながります。とくにモルモットは体内でビタミンCをつくることができないため、食事からとる必要があります。また、栄養バランスだけでなく、毎日きまった量をあげるなど、知っておきたいポイントを確認しましょう。

ごはんを選ぼう

モルモットの祖先は、植物の葉やくき、根、木の皮、木の実を食べて栄養や食物せんいをとっていました。ペットのモルモットにも、食物せんいが豊富な牧草を食べさせ、足りない栄養はフードでおぎないます。

牧草 〈牧草が主食〉

牧草は適度にかたくて食物せんいが多いため、歯をけずったり腸内環境をととのえたりする効果がある。イネ科のチモシーやマメ科のアルファルファなどの牧草があり、それぞれ種類や産地、収かく時期＊によって味や食感、せんい質の量が変わる。モルモットには、せんい質が多いチモシーの1番刈りがおすすめ。

＊収かくの順に1番刈り、2番刈り、3番刈りがある。

イネ科の牧草（チモシー）

フード 〈栄養をおぎなう〉

牧草ではとれない栄養をおぎなう。フードは、モルモットが体内でつくることができないビタミンCを多くふくんでいる。おとな用、より栄養が豊富な成長期や妊娠・授乳期用がある。おもな原料は、チモシー（イネ科）とアルファルファ（マメ科）の2種類。まずは、そのモルモットがそれまでに食べていたフードをあげよう。

モルモット専用フード

24

ごはんをあげてみよう

1日にあげるごはんの量は、牧草は好きなだけ、フードは体重の1.5～3％を目安にあげます。ただし、モルモットの年れいや体重、健康状態によって変わるので、気になるときは病院で相談しましょう。牧草もフードも、カロリーが低くて食物せんいが多いチモシーがおすすめですが、子どもや高れい、妊娠中、授乳中のモルモットには栄養が豊富なアルファルファをあげるとよいでしょう。

牧草のあげかた

1　いつでも食べられるようにしよう

いつでも食べられるように、牧草入れにはたっぷりと牧草を入れておこう。ただし、病気ではないのにフードを残すようなら、牧草の量を調節する。

2　新せんなものをあげよう

モルモットは新せんな牧草が好きなので、買いだめして長く保存せずに少しずつ買って、新せんなものをあげよう。フードをあげるときに、牧草入れに残っている牧草は捨てて、新しいものに入れかえよう。

牧草とフードの保管

●牧草

牧草は時間がたつと、湿気を吸収して風味や栄養が失われるので、できるだけ風通しのよいすずしい場所に保管します。

●フード

モルモット専用フードにふくまれるビタミンCは、熱や湿気、金属にふれるとそこなわれてしまいます。金属製ではない容器に入れて、すずしい場所で保管しましょう。

フードのあげかた

1　きまった量をあげよう

1日のフードの量は、体重の1.5～3％が目安。生後6か月～1さいまでは3％を目安にあげ、そのあとは少しずつ減らそう。あげすぎると、体重が増えて病気になってしまうので、しっかりはかろう。

体重の1.5～3%

体重800gのモルモットなら、1日12～24gを目安に。

2　回数を分けてあげよう

1日に必要な量を2回に分けてあげよう。モルモットは夕方～夜によく活動するので、朝は3分の1、夜は3分の2の量を、毎日同じ時間にあげる。食べた量をチェックすることも大事。急に残すようになったら、体調不良のおそれがあるから注意しよう。

3 モルモットのお世話をしよう

おやつをあげよう

モルモットは毎日同じごはんでも、あきることはありません。基本的におやつをあげる必要はありませんが、おなかがいっぱいにならないくらいなら、ときどきあげてもよいでしょう。おやつをあげるときは、モルモットが食べても問題ないものを少しだけあげましょう。

おやつの種類

野菜・果物

ビタミンCが豊富な野菜や果物を選びましょう。野菜ならブロッコリー、チンゲン菜、パプリカ、果物ならオレンジ、キウイ、イチゴがおすすめです。ただし、果物は糖分が多くふくまれているので、ほんの少しの量にしましょう。

野草・ハーブ

モルモットは草食動物なので、野草ならタンポポやクローバー、ハコベなど、ハーブならバジルやルッコラなどが食べられます。除草剤がかかったもの、よごれているものはさけて、よく洗ってからあげましょう。

おやつをあげるタイミング

●食欲がないとき
いつものごはんを食べないときにあげてみよう。おやつをきっかけに食べてくれることもある。それでもごはんを食べないときは、病院へ行こう。

●ごほうび・しつけ
ブラッシングやつめ切りなど苦手なことをがまんしたとき、トイレができたときなどにおやつをあげよう。

⚠ カルシウムのとりすぎに注意

カルシウムをとりすぎると、「尿石症*」という病気になってしまいます。パセリや小松菜、ほうれん草などのカルシウムが多くふくまれている野菜は、あげすぎないように気をつけましょう。

*尿石症……オシッコの通り道に石のようなかたまりができる病気で、オシッコをするときに痛みがある、オシッコに血が混ざるなどの症状があります。小さいかたまりはオシッコといっしょに出てきますが、大きくなると手術が必要です。

⚠ 絶対にあげてはいけないもの

モルモットが食べると中毒を起こしたり、体調をくずしてしまったりする食べものがたくさんあります。

- ✗ ねぎ類（たまねぎや長ねぎなど）
- ✗ じゃがいもの芽や皮
- ✗ アボカド
- ✗ にんにく
- ✗ にら
- ✗ トマトのへた・くき
- ✗ ナッツ類・ひまわりの種
- ✗ ごはん・パン・とうもろこし（炭水化物）
- ✗ チョコレート・コーヒー・お茶（カフェイン）
- ✗ アルコール類

⚠ 食べもの以外で中毒を起こすもの

食べもののほかにも、モルモットが口にしてしまうと、中毒を起こすものがあります。あやまって食べないように注意しましょう。

植物・タバコ

アサガオやシクラメン、ポインセチア、スイセン、シャクナゲなど、モルモットが食べてしまうと中毒を起こす植物があります。また、タバコの吸いがらを飲みこんでしまうこともあります。モルモットをケージの外に出すときは、部屋におかないようにしましょう。

中毒があるものに気をつけてね！

> 🔍 **ウンチを食べるってホント？**
>
> モルモットは、体を丸めておしりに口をつけながら、自分のウンチを食べることがあります。これは「食フン行動」といって、体の中でつくった栄養を「盲腸便」としてはいせつして、ふたたび食べることで栄養をとっています。おどろくかもしれませんが、モルモットにとっては自然な行動なので、そっと見守りましょう。そのまま食べてしまうため観察しにくいですが、モルモットの盲腸便はふつうのウンチの形と同じです。

3 モルモットのお世話をしよう

ケージをそうじしよう

モルモットはケージの中ですごす時間が長いため、気もちよくすごせるようにきれいにしましょう。

清けつにたもち、病気の原因をなくそう！

モルモットは1日に何度も大量にはいせつするため、ケージがすぐによごれてしまいます。ケージがよごれたままだと、モルモットは病気になってしまいます。モルモットの健康を守るために、いつも清けつで気もちのよい環境をたもちましょう。

そうじの前に

そうじグッズをそろえる

モルモットをむかえたら、毎日そうじが必要になります。むかえる前にそうじグッズをそろえておきましょう。

あると便利なそうじグッズ

- ▶ **そうきん** ケージとそのまわりをふく。
- ▶ **歯ブラシ** ケージのさくの間やすみのよごれをとる。
- ▶ **スポンジ・ブラシ** 食器や給水ボトル、ハウスなどを洗う。
- ▶ **ミニほうき・ちりとり** ケージやまわりをはく。
- ▶ **洗剤・消毒剤** できれば、ペット専用のものを使う。

モルモットをキャリーケースにうつす

キャリーケースには、ペットシーツをしこう。

そうじをはじめる前に、必ずモルモットをケージからキャリーケースに移動させましょう。そうじをする間は、モルモットを見守ることができません。キャリーケースに入れて安全を確保しましょう。

ケージをそうじしよう

よごれたままのケージは、皮ふや呼吸器の病気にかかる原因になります。モルモットのケージは、はいせつぶつやぬけた毛でよごれやすいため、そうじをしましょう。毎日すみずみまでそうじをする必要はありません。毎日するそうじと定期的にするそうじに分けて行いましょう。

そうじのしかた

毎日 1日2回

1 ゆか材をとりかえよう

ゆか材にしているペットシーツや牧草などを捨てて、新しいものにとりかえる。ほかにもよごれているところがないかチェックする。

2 ケージをふこう

新しいゆか材を入れる前に、ケージ全体を水にぬらしてかたくしぼったぞうきんでふく。

週に1回

1 ケージを洗おう

ケージを分解してすみずみまで洗う。かわいたぞうきんで水気をふきとり、太陽の光に当ててしっかりかわかす。

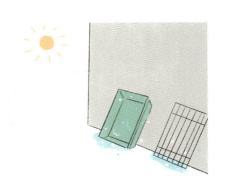

2 ハウスを洗おう

ブラシを使って水洗いする。かわいたぞうきんでふき、太陽の光に当ててかわかす。木製の場合は、水洗いせず、水にぬらしてかたくしぼったぞうきんでふく。

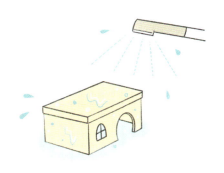

3 食器類を洗おう

食事をあげる前に、スポンジを使って食器や給水ボトルを水洗いをする。水気をふきとり、よくかわかす。

3 モルモットのお世話をしよう

モルモットと仲よくなろう

モルモットとの接しかたにはコツがあります。
コツをつかんで、モルモットと仲よくなりましょう。

モルモットがいやがることをしないようにしよう

モルモットとたくさんふれあいたいですね。けれども、モルモットはおくびょうな動物です。最初にかまいすぎると、モルモットが「この人はいやなことをする人」とおぼえてしまい、仲よくなるのがむずかしくなります。モルモットが苦手な大きい音を立てたり、しつこくかまったりしないように気をつけて、少しずつコミュニケーションをとりましょう。

モルモットにさわろう

けいかい心が強いモルモットに、まずは人が安全だということをおぼえてもらいましょう。

さわりかた

① 手を見せよう

さわる前にモルモットに手を見せて、手は安全だと知ってもらおう。手を見せることで「これからさわるんだな」とモルモットがわかってくれるようになる。

② やさしくさわろう

「さわるよ」と声をかけてから、モルモットの背中をやさしくさわろう。モルモットのうしろからさわるとおどろいてしまうので、モルモットから見える部分からさわってみよう。

さわっていいところ

○ おでこ
○ 背中
× 口（かむことがあります）
△ あごの下（いやがるモルモットもいます）
○ おしり
× おなか

コミュニケーションをとろう

モルモットがケージの中でリラックスできるようになったら、少しずつ人にならしていきましょう。

コミュニケーションのとりかた

1 ケージの中でおやつをあげる

なれてくると、「キュイキュイ」と鳴きながら、おやつをほしがります。

とびらを開けて、ケージの中にいるモルモットにおやつをあげる。毎日同じ時間にあげるとよい。

2 ケージの外でおやつをあげる

とびらを開けて、モルモットがケージから出てきたらおやつをあげて、人にもケージの外にもなれてもらう。

3 なでる

ケージの外になれたら、やさしくなでる。体がビクッとしたときはこわがっているので、そっとしておく。

4 ひざの上でなでる

なでるのになれたら、ひざの上に乗せてなでる。ひざから落ちないように体を支えよう。

5 だっこする

ひざの上になれたら、だっこする。下の「だっこのしかた」を見てチャレンジしよう。

だっこのしかた

1 わきに手を入れて引きよせる

モルモットの正面か横にすわる。両わきに手を入れて、モルモットをそっと引きよせる。

2 体に密着させながらおしりを支える

だっこをするときは、すわった姿勢で行いましょう。

モルモットを体に密着させ、わきに入れた右手をぬいておしりを支える。左手は首のあたりをそっとおさえる。

もっと知りたい モルモットと遊ぼう

モルモットは基本的にのんびりすごすのが好きなので、まずは自分のペースで遊ばせてあげましょう。ケージの外になれてきたら、おもちゃや食べものをさがして遊ぶ「フォージング」など、モルモットが好きな遊びをさがしましょう。

> **！ 新しいものはなれさせてから**
>
> モルモットは、はじめて見るものをけいかいします。はじめておもちゃをあたえるときは、ケージの近くにおいたり、「部屋んぽ」のときに見せたりして、おもちゃになれさせましょう。

「部屋んぽ」をしよう

部屋の中のおさんぽ「部屋んぽ」にチャレンジしてみましょう。ずっとケージの中にいると、運動不足になったり、ストレスがたまったりしてしまうので、1日1回ケージから出して、部屋んぽさせましょう。モルモットは、かじるのが好きな生きものです。電気コードなどをかじらないよう、注意しましょう。

サークル
さくのすき間がせまい小動物用のサークルを選ぶ。ゆかには毛足の短いマットをしいて、すべらないようにする。

転がすおもちゃ
つついたり追いかけたりして遊べるおもちゃをおく。

もぐれるおもちゃ
かくれて落ちつけるような、もぐれるおもちゃをおく。

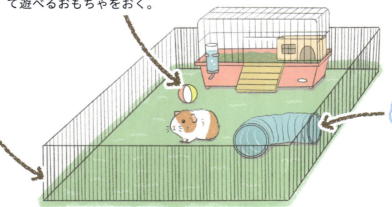

おもちゃで遊ぼう

モルモットによって、好きな遊びがことなります。いろいろなものを試してみましょう。ただし、のんびりとすごすことが好きで、おもちゃで遊ばないタイプのモルモットもいます。その場合はむりに遊ばせないようにしましょう。

かじり木

げっ歯目（ねずみの仲間）のモルモットは、本能的にかじるのが大好き。かじることで歯の長さをたもてるので、はじめてのおもちゃにおすすめ。

トンネル

モルモットの祖先は巣穴をほってくらしていた。トンネルのおもちゃは巣穴と同じように通りぬけたり、中に入って落ちついたりできる。

ボール

鼻でつついたり、体でおしたりして遊べるおもちゃを使ってみよう。耳がよいので、中に鈴などが入った音の鳴るボールも楽しめる。

こんなものがおもちゃに！

おうちにあるものを、おもちゃのかわりに使ってみよう。紙袋やつつ形の容器などは、トンネルのようにかくれて落ちつけます。ただし、紙製のものはモルモットが食べないように注意して見守ります。

「フォージング」で遊ぼう

食べものをさがす行動のことを「フォージング」といいます。おうちでも野生のように食べものさがしをさせてあげると、よいしげきになります。

牧草

フードのほうが好きなモルモットが多いので、牧草の中にフードをいくつかかくす。

おもちゃ

あみ状のボールの中におやつを入れられるフォージング用おもちゃを使う。

3 モルモットのお世話をしよう

モルモットの気もちを知ろう

しぐさなどを観察すると気もちがわかります。
気もちを知って、モルモットと仲よくなりましょう。

鳴き声やしぐさに注目してみよう

モルモットは言葉を話せませんが、鳴き声やしぐさで仲間とコミュニケーションをとります。毎日モルモットを観察していると、どんな気もちなのかがわかるようになります。観察のポイントを知って、モルモットの気もちをさぐって仲よくなりましょう。

鳴き声を聞いてみよう

モルモットは人になれてくると、たくさん鳴いてアピールするようになります。

プイプイ
きげんがいいとき。遊びやごはんをおねだりするときにも鳴く。

クイックイッ
かまってほしいとき。だっこしたり、遊んであげたりしよう。

ルルルルル〜
うれしいとき。オスがメスに求愛するために鳴くこともある。

キュイーキュイー
何かを強くうったえたいとき。伝えたいことがあるので、よく観察しよう。

ドゥルルルル……
けいかいしているときに、のどを鳴らして出る声。そっとしておこう。

キーキー！
こわいときやおこっているとき。高くて大きな声で鳴く。そっとしておこう。

> ⚠️ **オシッコするときに鳴いたら？**
>
> オシッコをしているときに「キーキー！」と大きい声で鳴いていたら、痛みを感じて鳴いているのかもしれません。「尿石症」（→26ページ）という病気になっているかもしれないので、病院へ連れていきましょう。

しぐさを見てみよう

モルモットは、してほしいことがあるとき、そのときの気分などを、体全体を使ってあらわします。

のんびり

人の足や体にくっつくのは、寄りそってのんびりしたいとき。信らいしている人に見せるしぐさ。

かまって

遊んでほしいときやかまってほしいときに、ひざに乗ってアピールする。なついた人に見せるしぐさ。

あまえたい

人の指や手をペロペロとなめるときは、あまえているので、なでたり遊んだりしてあげよう。

なでて！

頭を人の手におしつけるのは、「頭をなでてほしい」というアピール。満足するまでなでてあげよう。

こうふん

ピョンピョンとジャンプするのは、こうふんしているとき。うれしいとき、おこったときなどにジャンプする。

リラックス

のんびりしているときは、体をのばす。リラックスしているので、いっしょにのんびりすごそう。

イライラ ＼カチカチ／

イライラすると、歯をカチカチと鳴らす。むりにかまうと、さらにおこらせてしまうのでそっとしておこう。

ほうっておいて
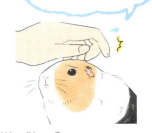
頭で人の手をどかすときは、「ほうっておいて」というサイン。おねだりしたことに満足したときにも行う。

こわい〜

モルモットにとってとてもこわいことがおきると、全身がかたまったようにフリーズして動かなくなる。

ビックリ

ケージのすみに走ってにげるのは、おどろいたりこわがったりしているとき。落ちつくまでそっとしよう。

ねむいなあ。ムニャムニャ……

35

3 モルモットのお世話をしよう

体のケアをしよう

モルモットが毎日元気にすごせるように
必要なケア（お手入れ）のしかたをおぼえましょう。

お手入れして健康に

モルモットに必要なお手入れは、ブラッシングとつめ切りです。どちらも欠かすと病気やケガにつながります。見た目をととのえるだけでなく、モルモットの健康を守るためにも大切です。必要なお手入れのしかたをしっかりおぼえましょう。

ブラッシングをする

モルモットは体をきれいにたもつため、なめて毛づくろいをしますが、より清けつにたもつために定期的なブラッシングが必要です。

短毛種のブラッシングのしかた

道具
回数
2週間に1回
スリッカーブラシ

1 スリッカーブラシでとかす

換毛期（→10ページ）には毛がたくさんぬけるため、ブラッシングの回数を1週間に1回に増やそう。

2週間に1回、毛の流れにそって、スリッカーブラシでやさしくとかす。

36

長毛種のブラッシングのしかた

道具：スリッカーブラシ、コーム
回数：毎日1回

1 コームでとかす

コームで毛のからみをとかす。強くからんだ毛はむりにとかさず、からんだ部分をはさみで切る。

2 スリッカーブラシでとかす

毛の流れにそって、スリッカーブラシでやさしくとかす。毎日行おう。

つめを切る

つめがのびると、ゆか材に引っかかったり、顔や体を引っかいたりしてケガをすることがあります。つめ切りはむずかしいので、おうちの人にやってもらいましょう。

道具：小動物用のネイルカッター
血管を切らないように、血管の先から1～2mmはなれたところを切る。

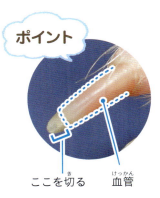

ポイント：ここを切る、血管

⚠ むずかしいときは病院へ

モルモットのつめは小さいので、おとなでも切るのはむずかしいです。血管の位置をたしかめずに切ってしまうと、血が出てしまいます。むりをせず、獣医さんに切ってもらいましょう。

薬をあげる

モルモットが病気になったら、おうちで薬をあげることも必要です。じょうずにあげられない場合は、獣医さんに相談しましょう。

飲み薬

薬を水にとかしてシリンジやスポイトに入れ、ゆっくり口の中に差し入れる。体はしっかりおさえる。

目薬

頭のあたりをやさしく引っぱって目を開かせ、目のはしから薬を1てきたらす。あふれた薬はやさしくふきとる。

3 モルモットのお世話をしよう

健康チェックをしよう

すぐに不調に気づけるように、毎日お世話をしながら、モルモットのようすをチェックしましょう。

ふだんのようすをよく観察しよう

動物は具合が悪くても、言葉で伝えることができません。体のようすや行動などを観察し、モルモットからのSOSに気づくのは飼い主の大事なつとめ。病気やケガに気づくためには、健康なときのモルモットのようすを知っておくことも大切です。ふだんとくらべて、あてはまるようすがあれば、チェック表の□に✓を入れましょう。

チェック表はコピーして使いましょう。気になることは、表紙うらの「健康観察カード」に書いて獣医さんに相談しましょう。左の二次元コードからもダウンロードできます。

✓ 食欲と行動のチェック

ごはんを食べているとき、部屋んぽ中、遊んでいるとき、ねているときなどに、モルモットのようすを観察しましょう。

- □ 元気がなく、うずくまっている。
- □ ぐったりしている。
- □ ごはんを食べない。
- □ 水を飲まない。
- □ 「ハアハア」とあらい呼吸をしている。
- □ 足を引きずっている。
- □ 体をかゆがっている。

野生では敵からねらわれる立場のモルモットは、弱っているところを見せないように、本能的に具合が悪いことをかくす。明らかに体調が悪そうな場合は、病気が進行しているかもしれないのですぐに病院へ行こう。

☑ 体のチェック

ケージでゆったりすごしているときによく見たり、部屋んぽするときに体をさわったりして、おかしいところがないか確認しましょう。

耳
- □ 中がよごれている。
- □ くさいにおいがする。

鼻
- □ 鼻水やくしゃみが出る。
- □ 鼻の穴がつまっている。

口
- □ よだれが出ている。
- □ 歯が変な形にのびている。
- □ 歯が欠けている。

目
- □ なみだが出ている。
- □ ショボショボしている。

足
- □ つめがのびている。
- □ 指から血が出ている。
- □ 足のうらがはれたり、ただれたりしている。

おなか・せなか
- □ おなかがはっている。
- □ 毛がはげている。

おしり
- □ ウンチやオシッコでよごれている。

☑ トイレのチェック

ゆか材をとりかえるときに、毎日オシッコやウンチの色、量などを確認しましょう。

オシッコ
- □ オシッコの量が少ない。
- □ オシッコの回数が多すぎる。
- □ オシッコの色がこい・赤い。

ウンチ
- □ ウンチが出ていない。
- □ げりをしている。
- □ いつもより小さい。
- □ いつもより量が少ない。

⭕ よいウンチ
健康なときのウンチは、細長くて同じような形をしている。ツヤもある。

☑ 鳴き声のチェック

痛みがあると「キーキー！」と高く大きな声で鳴きます。どんなときに鳴いているか確認しましょう。

- □ 動くときに「キーキー！」と鳴く。
- □ オシッコしたときに「キーキー！」と鳴く。

3 モルモットのお世話をしよう

体のチェックのしかた

① ひざの上に乗せる

31ページを参考にひざの上に乗せ、片手でおしりを支えて安定させる。

② 頭をさわる

頭をさわって、傷や毛がぬけているところがないか確認する。

③ 歯を見る

口のはしを引っぱると自然に口が開くので、前歯の形を確認する。

④ 背中をさわる

指で毛をかき分けて、皮ふの状態を確認する。

⑤ 乳せんをさわる

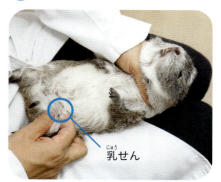

乳せん

あお向けにして首をやさしくおさえ、乳せんにしこりやはれがないか確認。

⑥ 足のうらを見る

足首をやさしくもって、足のうらに傷やただれがないか確認する。

⑦ あごの下をさわる

ゆかにおろし、あごの下のリンパ節がはれていないか、さわって確認する。

⑧ おなかをさわる

足が少しうくくらい体をもち上げて、おなかがはっていないか確認する。

> **! 気になる場合は病院へ**
>
> ふだんからモルモットの体を観察したりチェックしたりしていれば、いつもとちがうところに気がつきやすいはずです。少しでも「おかしいな」と思ったら、すぐに病院へ行きましょう。

40

もっと知りたい モルモットが妊娠したら？

モルモットの妊娠期間はおよそ70日です。元気な赤ちゃんをうめるように、おかあさんモルモットの健康チェックとお世話のポイントをおぼえましょう。

妊娠中

● **お世話**

フードは栄養が多いアルファルファが原料のものに切りかえて、必要ならビタミンCのサプリメントをあげよう。だっこするのは体に負たんがかかるので、なでるだけにしよう。

● **健康チェック**

☐ ごはんをしっかり食べているか。
☐ 水をしっかり飲んでいるか。
☐ ストレスを感じていないか。

妊娠はわかる？

急に体重が増えたり、おなかがはっていたりしたら妊娠しているかもしれませんし、病気の可能性もあります。すぐに病院に行きましょう。

産後

● **お世話**

モルモットはすぐにまた妊娠できる体になるので、ふたたび妊娠しないようにオスとケージを分ける。母乳がたくさん出るように、栄養豊富なアルファルファが原料のフードをあげる。

● **健康チェック**

☐ ごはんをしっかり食べているか。
☐ 水をしっかり飲んでいるか。
☐ ストレスを感じていないか。

赤ちゃんのお世話のポイント

モルモットは1回の出産で2〜4ひきの赤ちゃんをうみます。赤ちゃんはうまれたときから目が開いていて、毛や歯もはえています。

● 体重をはかって、おっぱいを飲んで育っているかチェックする。毎日少しずつ、つづけて体重が増えていればよい。
● 生まれたつぎの日から、お湯でふやかしたフードをあげる。
● 生後21日ごろに、おっぱいをやめて、完全におとなと同じフードに切りかえる。
● 発情期をむかえる生後2か月より前に、オスとメスのケージを分ける。

3 モルモットのお世話をしよう

病院へ行こう

獣医さんは、モルモットの健康を守ってくれる強い味方。
信らいできる動物病院をさがして連れていきましょう。

病気じゃなくても病院に連れていこう

動物病院では、病気の治療だけでなく、健康診断やつめ切りなどのケアも行っています。病気になったときにはじめて病院に連れていって、モルモットがパニックにならないように、健康なうちから定期的に連れていき、ならしておきましょう。かかりつけの病院があると、困ったことや心配なことがあるときに相談ができて安心です。

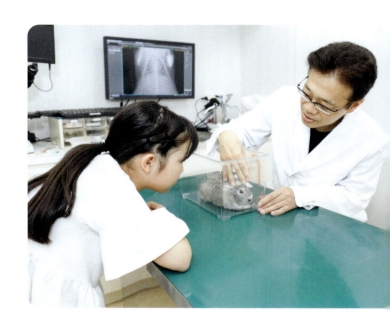

病院に連れていくとき

モルモットを飼いはじめたら、動物病院に行く機会が多くなります。病院へ連れていくときの手順を見ていきましょう。

① 診察時間を確認する

病院が開いているか、あらかじめ電話やホームページで確認する。予約が必要な場合は予約する。

② キャリーバッグに入れる

モルモットはキャリーバッグに入れて連れていく。待合室ではキャリーバッグから出さないようにしよう。

③ 先生に質問する

表紙うらの「健康観察カード」を利用しよう。

気になることを伝えよう。モルモットのようすを、メモや動画で記録しておくと、より伝わりやすい。

42

健康診断を受けよう

健康診断はモルモットの健康状態を確認できて、病気の早期発見にもつながります。1年に2回のペースで健康診断を受けましょう。病院では、つぎのような検査を行っています。

体重測定

モルモットが適正な体重かどうかを確認する。

視診・触診

目で見て体をさわって、しこりなどの異常がないかを確認する。

聴診

聴診器を当てて心臓の音を聞き、異常がないかを確認する。

血液検査

血液をとり、貧血や病気がないかを調べる。

尿・便検査

オシッコやウンチを調べ、腎臓や腸の病気などがないかを確認する。

画像検査
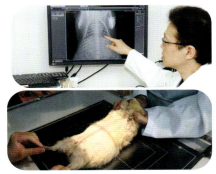
X線検査などで、内臓の大きさやしこりがないかなどを調べる。

避妊・去勢手術はするの？

子どもをつくる体の機能をとる手術を、避妊・去勢手術といいます。いぬやねこ、うさぎは手術することが多いですが、モルモットにはかんたんにできません。体への負たんが大きく、死んでしまう危険があるからです。発情期をむかえる生後2か月より前にオスとメスはケージを分け、遊ばせるときも別々にしましょう。

繁殖させるときは……

- 繁殖のタイミングは、メスは生後2〜3か月、オスは生後4〜5か月をむかえる時期に行う。
- 1さいになったメスは繁殖させない。1さいをすぎてからはじめての出産をむかえると、正常に赤ちゃんをうめなくなり、緊急手術が必要になる場合がある。

もっと知りたい モルモットの病気・ケガについて

モルモットがかかりやすい病気や、しやすいケガを知っておくと、予防や早期発見につながります。もしものときに大切なモルモットを守れるように、確認しておきましょう。

不正咬合

モルモットの歯は一生のびつづけますが、牧草を食べることで上下の歯がこすれあってすり減り、一定の長さにたもたれています。しかし、なんらかの原因でかみ合わせがずれると、歯がのびすぎて口の中を傷つけてしまいます。

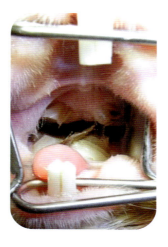

- **症状**　よだれがひどくなる。のびた前歯や奥歯が口の中を傷つけたり、舌の動きを制限したりするため、ごはんを食べられなくなる。
- **予防**　牧草などのしっかりとかめるごはんをあたえる。かじれるおもちゃで遊ばせる。
- **治療**　のびすぎた歯を定期的にけずり、口の中に当たらないようにする。再発しやすいため、定期的な治療が必要になる。

うっ滞

胃腸のはたらきが悪くなった状態のことを「うっ滞」といいます。ストレスや病気によって食欲がなくなったり、牧草が不足したりすることが原因といわれています。

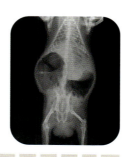

- **症状**　ごはんを食べなくなる。ウンチが小さくなったり、量が少なくなったり、形が悪くなったりする。うずくまって苦しそうにする。
- **予防**　できるだけストレスを感じない環境をつくる。食物せんいが多い牧草を食べさせる。
- **治療**　消化管の運動促進剤や整腸剤をあたえて、胃腸の動きをよくする。

足底皮ふ炎

ケージや部屋のゆかがかたいため、モルモットの足のうらに負たんがかかって、皮ふが赤くなったりただれたりする病気。

- **症状**　うしろ足のうらがこすれて赤くなる。放っておくと細菌に感染し、痛みが出て足を引きずったり、歩けなくなったりする。
- **予防**　ゆか材をやわらかいものにする。牧草やブランケットなどをしく。ただし、誤飲に注意する。
- **治療**　ぬり薬や飲み薬で炎症をおさえる。必要なら、抗生剤をあたえる。

腫瘍

病気により、体の表面にしこり（腫瘍）ができます。悪性のものは「がん」とよばれます。

症状	顔やおしりなどさまざまなところにこぶのような腫瘍ができる。
予防	予防法はないため、毎日健康チェックを行い、早期発見できるようにする。
治療	良性でも悪性でも、手術をして腫瘍を切りとる。できた場所や大きさによっては手術ができないこともある。

げり

細菌や寄生虫が原因で、ウンチが水っぽくなります。水分が多い野菜をたくさん食べたり、食物せんいが少なかったりすると、げりになることもあります。

症状	水っぽいウンチが出る。食欲がなくなる。体重が減る。
予防	毎日ウンチの状態を確認する。牧草などの食物せんいが多いごはんをあげ、水分のある食べものをとりすぎないようにする。
治療	細菌が原因なら抗生剤を、寄生虫が原因なら駆虫薬をあたえる。

角膜炎

目の表面（角膜）に傷ができて炎症が起こる病気。牧草などが目に当たると角膜が傷つきます。

症状	なみだが出る、目をショボショボさせる、目やにが出る、白くなるなど。
予防	とび出した牧草などケージ内にあるもので目を傷つけないように注意する。
治療	抗生剤や抗炎症剤などの目薬をあたえる。傷ついた原因をとりのぞく。

心筋症

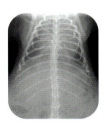

心臓の機能が低下する病気です。遺伝やほかの病気が原因だと考えられています。

症状	元気がなくなり体重が減る。進行すると呼吸があらくなったり、脈がはやくなったりする。
予防	予防法はないため、毎日健康チェックを行い、早期発見できるようにする。
治療	強心薬や抗血栓薬、利尿剤などをあたえる。

⚠️ モルモットから人にうつる病気に気をつけよう

皮ふ糸状菌症
菌に感染して、皮ふにカビがはえる病気。モルモットが感染すると脱毛やフケが見られる。人が感染するとかゆみが出て、赤みや水ぶくれができる。

サルモネラ症
サルモネラ菌は、モルモットの体内にあるが、体力が低下したときに症状が出る。モルモットも人も、発症すると発熱、げり、おう吐などが見られる。

予防　モルモットにさわったり、お世話をしたりしたあとは手を洗う。モルモットとキスをしない。モルモットやケージを清けつにたもとう。

こんなとき、どうする？ Q&A

モルモットとくらしていると、いろいろな問題が起こることがあります。いざというとき、どうすればよいでしょうか。

Q 災害が起こったら？

A 事前にひなんの準備をしておき、いっしょにひなんする

もし、災害が起きてひなんすることになったら、モルモットを連れていきましょう。事前に、ペット可のひなん所をさがしておきましょう。実際にモルモットをキャリーバッグに入れてひなん所まで歩いてみる「ひなん訓練」をしておけば、いざというときも安心です。

災害が起きたら、ペットといっしょににげる「同行ひなん」をします。

ふだんのそなえ

● キャリーバッグにならす

ひなん所では、モルモットはキャリーバッグの中で生活することになります。キャリーバッグにならしておくことも、災害対策として大切です。

モルモット用ひなんグッズ

人間用のひなんグッズのそばに、モルモット用のグッズも用意しておきましょう。

- ☐ モルモット用フードと牧草、水（1週間分くらい）
- ☐ モルモット用のおやつ（保存がきくもの）
- ☐ ペットシーツ
- ☐ 服用している薬
- ☐ キャリーバッグ、布（外が見えないようにするため）

Q モルモットはお留守番ができる？

A お留守番は1泊2日まで

病気のモルモット、子どもや高れいのモルモットでなければ、1泊2日までだいじょうぶです。ごはんや水などをきちんと用意し、エアコンをつけて適温にたもちましょう。それ以上長くなるときは、ペットホテルや動物病院などにあずけましょう。

Q 年をとったら、どんなお世話が必要？

A できなくなったことを手助けする

モルモットは3〜4さいになると、少しずつ老化が進みます。ねている時間が増えたり、食欲が低下したりします。体や行動の変化に合わせて、お世話のしかたも変えていきましょう。

年をとったモルモットのお世話

● ごはん
栄養豊富なフードに切りかえる。香りのよい牧草やおやつで食欲をしげきしてあげるのも効果的。

● お世話
じっとしていることが増えるので、つめの状態を確認する。毛づくろいがしにくくなるので、こまめにブラッシングをして清けつにたもつ。

● 温度・湿度の管理
温度や湿度の変化で病気になりやすいので、部屋の温度・湿度管理をしっかりと行う。

 お別れのときがきたら？

悲しいことですが、モルモットの命は人よりも短いため、いつかはお別れのときが来ます。亡くなったら、どのようにおくりたいか、家族で話しあってきめておきましょう。

亡くなったら
体をふいてきれいにしてから、箱や棺におさめる。埋葬するまでは、保冷剤などを入れてすずしい場所で保管する。

埋葬方法
庭があれば庭にお墓をつくってもよい。自治体で火葬してくれるところもあるので、役所にたずねてみよう。また、ペット霊園を利用する方法もある。

さくいん

あ
赤ちゃん …………………………………… 41,43
足 ………………………………… 10,11,20,38,39,40
アビシニアン ……………………………………… 6
アレルギー ……………………………………… 16
イングリッシュ …………………………………… 4
うっ滞 …………………………………………… 44
ウンチ …………………………… 21,22,27,39,43,44,45
おさんぽ（部屋んぽ） ……………………………… 22,32
オシッコ ………………………… 20,21,22,26,34,39,43
お手入れ（お手入れのしかた） …………………… 36,37
おなか（胃腸） …………………………………… 39,44
おもちゃ ………………………………………… 20,32,33
おやつ …………………………………………… 26,33,46,47
温湿度計 ………………………………………… 19

か
角膜炎 …………………………………………… 45
かじり木 ………………………………………… 33
体のチェック …………………………………… 39,40
キャリーバッグ ………………………………… 19,22,42,46
給水ボトル ……………………………………… 19
薬（薬のあげかた） ……………………………… 37
クレステッド …………………………………… 5
毛 ………………………………… 4,5,6,7,10,17,36,37,39
ケージ …………………………………… 9,17,18,19,28,29
毛づくろい ……………………………………… 36,47
げり ……………………………………………… 45
健康診断 ………………………………………… 43
健康チェック …………………………………… 38,39,41
ごはん（ごはんのあげかた） ……………… 19,22,24,25,27,47
コミュニケーション（コミュニケーションのとりかた） … 31
コロネット ……………………………………… 7

さ
サークル ………………………………………… 32
災害 ……………………………………………… 46
さわっていいところ …………………………… 30
さわる（さわりかた） …………………………… 30
しぐさ …………………………………………… 9,35
臭腺 ……………………………………………… 11
寿命 ……………………………………………… 13
腫瘍 ……………………………………………… 45
食器 ……………………………………………… 19,29
心筋症 …………………………………………… 45
スキニーギニアピッグ ………………………… 7,21

た
性格 ……………………………………………… 9,17
成長（成長のしかた） …………………………… 13
そうじ（そうじのしかた） ……………………… 29
足底皮ふ炎 ……………………………………… 20,44
だっこ（だっこのしかた） ……………………… 31,41
短毛 ……………………………………………… 4,17,36
長毛 ……………………………………………… 4,17,37
つめ切り ………………………………………… 20,36,37
テッセル ………………………………………… 7
テディ …………………………………………… 5
テンジクネズミ ………………………………… 5,8,9
トイレ …………………………………………… 20,21,22,39
同行ひなん ……………………………………… 46
動物病院（病院） ………………………… 22,23,37,40,42,43,47

な
鳴き声 …………………………………………… 34,39
尿石症 …………………………………………… 26,34
妊娠 ……………………………………………… 41

は
歯 ………………………………… 12,15,24,33,35,39,40,44
ハウス …………………………………… 9,16,19,23,28,29
鼻 ………………………………………………… 12,39
繁殖（繁殖力） …………………………………… 13,43
ひげ ……………………………………………… 12
避妊・去勢手術 ………………………………… 43
皮ふ ……………………………………………… 11,45
病気 ……………………………… 23,28,34,37,42,43,44,45
フード …………………………………… 19,24,25,33,41,46,47
フォージング …………………………………… 32,33
不正咬合 ………………………………………… 44
ブラッシング（ブラッシングのやりかた） …… 5,6,7,
　　　　　　　　　　　　　　　　　　　　　　　17,36,37,47
ペルビアン ……………………………………… 6
牧草 ……………………………………… 24,25,29,33,45

ま
耳 ………………………………………………… 12,33,39
無毛（スキニー） ………………………………… 7,17
目 ………………………………………………… 12,37,39,45

や
ゆか材 …………………………………………… 19,20,22,29

ら
留守番 …………………………………………… 47

| 監修 | 三輪恭嗣（みわ・やすつぐ） |

日本エキゾチック動物医療センター院長。東京大学大学院農学生命科学研究科附属動物医療センター・エキゾチック動物診療責任者。日本獣医エキゾチック動物学会会長。東京大学附属動物医療センターの研究生・研究員、アメリカ・ウィスコンシン大学の研修医を経て、2006年にうさぎや小鳥、モルモットなどエキゾチック動物を専門とした、みわエキゾチック動物病院（現・日本エキゾチック動物医療センター）を開院。飼い主さんと動物に寄りそった健康管理・治療を行っている。監修書に『ウサギ完全飼育』（誠文堂新光社）、『インコドリル』（新星出版社）などがある。

| 撮影・商品協力 |

- 株式会社三晃商会　https://www.sanko-wild.com
- 株式会社マルカン　https://www.mkgr.jp

| 編集協力 |

- イラスト　　　　藤田亜耶
- デザイン・DTP　monostore
- 撮影　　　　　　竹下アキコ、中島聡美
- 編集協力　　　　スリーシーズン
- 写真協力　　　　和輝くん・遥加ちゃん・うまこちゃん・ねねちゃん、
　　　　　　　　　さんちゃん・くもりちゃん・ぽんずちゃん・くろまめちゃん、
　　　　　　　　　杉山桧都くん・桐麻くん・ちゃーちゃん・くーちゃん
- 写真提供　　　　Shutterstock、PIXTA

生きものとくらそう！❺ モルモット

2024年11月25日　初版第1刷発行
2025年 5 月30日　初版第2刷発行

監修　三輪恭嗣
編集　株式会社 国土社編集部
発行　株式会社 国土社
　　　〒101-0062 東京都千代田区神田駿河台2-5
　　　TEL 03-6272-6125　FAX 03-6272-6126
　　　https://www.kokudosha.co.jp
印刷　株式会社 瞬報社
製本　株式会社 難波製本

NDC 645,489　48P/29cm　ISBN978-4-337-22505-3　C8345
Printed in Japan ©2024 KOKUDOSHA
落丁・乱丁本は弊社までご連絡ください。送料弊社負担にてお取替えいたします。

モルモット〇×クイズ

モルモットの習性や、飼いかたのクイズにチャレンジしよう。
ぜんぶこたえられたら、モルモットはかせになれるかも！

体・習性

❶ モルモットは夕方、元気に活動する？
ヒント➡8ページ

❷ モルモットは広い場所が好き？
ヒント➡9ページ

❸ モルモットは耳がいい？
ヒント➡12ページ

❹ 前足の指は4本？
ヒント➡10ページ

❺ うしろ足の指は4本？
ヒント➡11ページ

飼いかた

❻ モルモットをむかえた日に遊んでいい？
ヒント➡23ページ

❼ 牧草は好きなだけあげていい？
ヒント➡25ページ

❽ モルモットにたまねぎをあげていい？
ヒント➡27ページ

❾ そうじは1日2回必要？
ヒント➡29ページ

❿ モルモットにブラッシングは必要？
ヒント➡36ページ

⓫ 病気じゃなくても病院に連れていく？
ヒント➡42ページ

こたえ／ ❶〇、❷×、❸〇、❹〇、❺×、❻×、❼〇、❽×、❾〇、❿〇、⓫〇